字帖格言 深刻精辟 一册在手 终身受益

感悟生命

林明章 著

林明章自书格言选

安徽师范大学出版社

责任编辑:侯宏堂
装帧设计:任　彤

图书在版编目(CIP)数据

感悟生命:林明章自书格言选 / 林明章著. — 芜湖:安徽师范大学出版社,2018.1
ISBN 978-7-5676-2563-1

Ⅰ.①感… Ⅱ.①林… Ⅲ.①汉字-法书-作品集-中国-现代 Ⅳ.①J292.28

中国版本图书馆CIP数据核字(2017)第294555号

GANWU SHENGMING LINMINGZHANG ZISHU GEYANXUAN
感悟生命——林明章自书格言选
林明章　著

出版发行:安徽师范大学出版社
芜湖市九华南路189号安徽师范大学花津校区　邮政编码:241002
网　　址:http://www.ahnupress.com/
发 行 部:0553-3883578　5910327　5910310(传真)　E-mail:asdcbsfxb@126.com
印　　刷:浙江新华数码印务有限公司
版　　次:2018年1月第1版
印　　次:2018年1月第1次印刷
规　　格:880mm×1230mm　1/16
印　　张:6
字　　数:60千字
书　　号:ISBN 978-7-5676-2563-1
定　　价:88.00元

林明章简介

林明章，书法家，诗人。淡泊名利，宁静坦诚。毛笔硬笔书法皆攻，格律诗词、新诗、散文与格言创作并习。

林明章毛笔书法作品明丽劲炼，秀美中渗透笔力，端穆中灵动雅逸，多次在海内外展赛中获奖。作品在马来西亚、新加坡、美国、巴西、加拿大、日本等国和北京、上海、香港等地展出，勒石碑林，载入《中国书法家作品选集》《中国收藏》等多家书刊，为收藏机构和海内外人士所珍藏。其硬笔书法独树一帜，三次应邀在日本展览，出版字帖两种，载入《中国钢笔楷书之最》《国际著名硬笔书法家作品集》等多家书刊。

林明章诗歌创作源于生活，取材广泛，纯朴清新，载入数十家书刊，被授予“当代优秀田园诗人”“性情诗人”称号。出版有《感恩生命——林明章诗歌书法选》。

近年来，林明章格言创作成果丰硕。从其丰富的阅历、社会实践和日常生活中提取素材，重立意、重哲理、重内涵，语言精练、朴实，耐人寻味，使人读后感悟深深，拍案叫绝，终身受益。

林明章部分格言作品发表于：《中外哲理名言》(中英文对照版，格言一组，金奖)，《中华名人格言》(格言一组，优秀作品奖)，《共和国名家诗词格言精选》(格言一组，金奖)，《古今中外名家语录精编》(格言一组，金奖)，《中华优秀儿女箴言录》(格言一组，最佳创作奖)，《聚焦十八大中国文化名人题贺荣誉特刊》(格言书法)，《中外格言大典》(格言一组，金奖)。

林明章现为中国书法家协会会员，中国硬笔书法家协会会员，中国兰亭书画院名誉院长，中国诗歌学会会员，中华诗词学会会员，安徽省作家协会会员，中国国学研究会研究员。

①

① 姑孰名家林明章书法展开幕式场景(2012)

①

②

① 姑孰名家林明章书法展开幕式主席台（2012）
② 姑孰名家林明章书法展观众参观展厅场面（2012）

①
②
③

① 上海·林明章书法作品展外景(2008)
② 上海·林明章书法作品展留影(2008)
③ 在林明章书法作品展上致答谢辞(2008)

①
②
③

① 登黄山飞来峰(1997)
② 登泰山天街(1996)
③ 参观西安秦始皇兵马俑(2001)

①

②

① 陪同九十岁母亲散步时留影（2008）

② 和妻儿在生活多年的小屋前留影（1990）

①
②

① 为李白陵园盆景园题匾(1994)
② 为新农村题字(2007)

①

②

① 为外国友人作书(2016)

② 街头写春联(2011)

①

① 在山东威海与蓝天碧海留影(2015)

序

《序》作者(右)与本书作者在长江汽渡上合影(2011)

格言,是汉语中的一种熟语,是言简意赅的含有教育意义的话语。《宋史·吴玠传》中说:“玠善读史,凡往事可师者,录置座右,积久,墙牖皆格言也。”可见,格言是从人所经历的前事中提炼出来的,为后人所鉴戒的道理和感悟。

《感悟生命——林明章自书格言选》包含民族之魂、哲理之谈、生命之旅、修养之道、生活之窗、世事之览、情爱之缘等七个篇章421条格言。从伟大的民族精神,到生活琐事,内容丰富,取材广泛。每一条都有一个鲜明的主题。

充满正能量是明章格言的主旨。开篇第1条“中华民族历经数不尽的灾难折磨,却始终未能停滞发展前进的脚步。那是因为这个民族的血液里,顽强地流淌着一股能够摧毁细菌和病毒的正义、坚贞、睿智、善良的伟大抗体。这个抗体就是摧不垮、打不烂的中华民族精神。”读罢这条格言,使人顿觉热血沸腾!中华民族的屈辱史、英勇战斗史、改革开放史、顽强拼搏的强国强军史,仿佛屏现眼前,使人精神振奋,锐气陡增。

哲理内涵是明章格言的精髓。这册格言的深度体现在每一条都蕴藉着一个发人深省的道理。请看第26条:“欲望,是想得到某种东西或想达到某种目的的要求。欲望有形,能产生强烈的推动力;欲望有度,多上升一度即会将人烧灼。”这则格言使人领悟到,正当的欲望能产生有助于发展的推动力。而超度的欲望,即会将人烧烫而受伤。它告诫人们,即使是真理，也不可向前多迈一步。

形象生动的语言是明章格言的亮点。请看第29条："人如果把私利的位置摆得很高，他的形象就会变低；人如果把金钱看得太重，他的分量就会变轻。"看似平常而坦然的话语，将高、低、重、轻的强烈对比贯穿其间，让读者咀嚼思考其中的道理，在回味深思中受到教益。

丰富的阅历是明章格言的创作源头。作者曾任过教师，后在县级工作岗位上担任领导职务，有包村蹲点、防汛抗旱、抢收抢种等农村基层工作经历。请看第312条："插秧田里的农民，在水田中一步步后退，新栽的秧苗却一棵棵前进。生活中的退与进，就是这样充满了辩证法。"再看第53条："过分施肥的稻田，稻谷会出现空壳而大幅减产；过分溺爱的子女，表现会令人大失所望。"从格言的内容中，我们可以看到作者基层工作的印痕。

格言诗是明章格言集的花絮。用诗的语言写出寓意深刻的格言，在这本书里不乏其例。请看第50条：

当修当剪莫犹疑，君看园农剪果枝。
树弃赘枝多硕果，人除杂念更充实。

这首格言诗告诉我们，剪去赘枝，果实才能结得更加丰硕；清除杂念，人的思想才能变得更加充实。再看第314条：

水阔任鱼游，藏凶饵露头。
欲知谁入险，贪者自吞钩。

作者的这首五绝，被多家书刊选登。它是一首构思精巧，比喻贴切，寓意深刻的五言诗、反腐诗、格言诗。

一句话格言是明章格言的台风眼。一则格言只有一句话，却字字珠玑，是格言中的重型炮弹。现列出几条，以飨读者。

第23条：权重心忧百姓，位高己正民拥。

第44条：思考是智慧之河不绝的源头。

第61条：119也难以扑灭的是妒嫉的火焰。

第67条：贪婪是一条通往悬崖的路。

第95条：坏脾气是健康的可怕杀手。

第137条：坐等明日，莫如发力今朝。

阅读这本格言选，我们从民族之魂中增长着精气神；从哲理之谈中探讨事物内含的规律；从生命之旅中领悟人生的真谛；从修养之道中启迪情操的陶冶；从生活之窗和世事之览中感知健康处事的学问。值得一提的是，读了情爱之缘篇后，会使人对婚姻、家庭、亲情、友情和爱情的方方面面，有更胜一筹的体味和认知。

读罢这册格言，深感明章先生文学功底的厚实，观察事物洞察力的深邃。正如作者格言所述："没有丰富的阅历、经历，没有对事物深刻而细致入微的观察思考，就不会有高度浓缩、准确而精练的语言文字。"

明章先生是中国书法家协会会员，中国国学研究会研究员，其书法功力不言而喻。这本书的书名、插页都是他的书法作品。明章先生还是全国硬笔书法大赛一等奖获得者，出有两本钢笔书法字帖，作品三次在日本展出。这本格言选就是他用钢笔亲手书写，且每条格言都有编号，以便翻阅。既是格言集，又是钢笔书法字帖，是本书的一大特色。

相信广大读者，尤其是青少年读者，能从这册格言中获得裨益。

祝愿明章先生创作出更多更好的作品。

王　伦

2017年6月1日

（《序》作者系安徽师范大学校长）

目　录

民族之魂篇

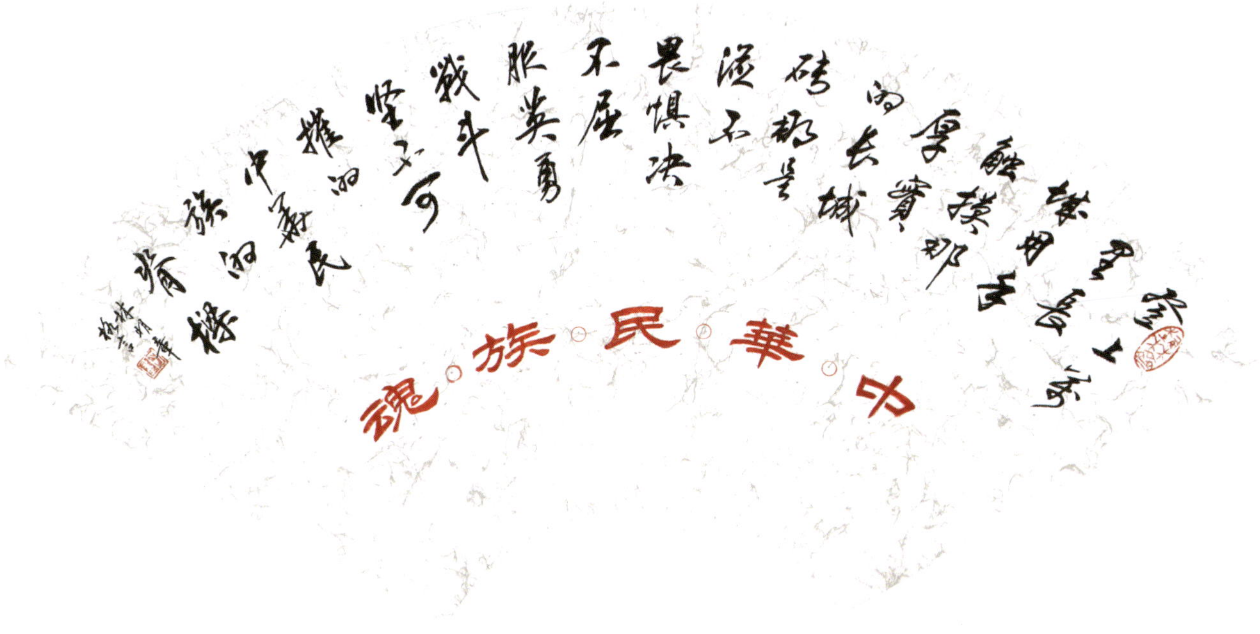

中華民族歷經數不盡的災難
折磨却始終未能停滯發展前
進的脚步那是因為這個民族
的血液裏頑強地流淌着一股
能够摧毀細菌和病毒的正義
堅貞叡智善良的偉大抗體這
個抗體就是摧不垮打不爛的
中華民族精神

林明章格言

林明章格言选

一、民族之魂篇

1 中华民族历经数不尽的灾难折磨，却始终未能停滞发展前进的脚步。那是因为这个民族的血液里，顽强地流淌着一股能够摧毁细菌和病毒的，正义、坚贞、睿智、善良的伟大抗体。这个抗体，就是摧不垮、打不烂的中华民族精神。

2 中华民族复兴的序幕，在抗日战争的炮火硝烟中拉开。崛起的中国，展现了中华儿女的巨大潜能。

3 中华儿女的意志力和宁死不做亡国奴的民族气节，是矗立在侵略者面前不可逾越的万里长城。

4 八年抗日战争，中国人民在民族存亡的最危险的时刻，同仇敌忾，宁死不屈，用血肉之躯，挫败了日本侵略者奴役中华的狼子野心，洗刷了近代史上的民族耻辱。伟大的抗战胜利精神，将成为中国人民世世代代战胜艰险，自强不息，自立于世界民族之林的强大动力。

5 抗日战争中的祖国，是血染的土地，泪洗的山川。在中国共产党领导下，充满爱国情怀的中国人民，用视死如归的民族气节，捍卫了一个伟大民族的尊严。

6 历史的恩怨可以因时间的推移而淡化，历史的教训不能因时间的流逝而遗忘。尝到了幸福甜头的后生们，应熟知历史，牢记苦难。非如此，灾难并非不会重来。

7 凶残之敌，从不顾及他人悲痛愤恨的程度。他所惧怕的，只有对手的实力、智慧和勇气。

8 中华儿女要铭记历史，警示未来，万众一心，为民族复兴大业奋斗不已。

9 在艰难险阻中勇于挺身而出，用血肉之躯为中国人民的利益赴汤蹈火壮烈牺牲的人，是不可忘怀的中华民族的铁骨忠良。

10 爱好和平，是中华优秀传统文化的核心内容之一。是有着深厚历史渊源的中国人最基本的文化基因和民族标识。

11 每一场灾难，都是一本有血有肉，内容无比深刻的历史教科书。

12 念念不忘家乡美丽的故土，念念不忘生我养我的父母，念念不忘魂牵梦萦的祖国山河，是每个中华儿女永远抹不去的衷情。

13 中华民族需要千千万万勤劳、勇敢、智慧，矢志不渝报效祖国的优秀儿女去振兴。

14 有梦想才有希望，有精神才有力量。告别了一穷二白、物质匮乏日子的中国人，要磨砺意志，奋发创新，全身心地投入到构筑中国梦的伟大实践中去。

15 侵略战争的发动者是人类共同的罪犯，社会文明进步的共同大敌。

16 登上万里长城，用手触摸厚实的长城砖，那是从不畏惧、决不屈服、英勇战斗、坚不可摧的中华民族的脊梁。

17 不屈服强暴，不欺凌弱小，不畏惧艰险，不拜倒钱包。

18 政者正也。为政者崇德、奉公、清廉、勤勉，是为民族之精英也。

19 君子求诸己，小人求诸人。自立、自强、自尊、自信，是中华民族立世之道。

20 要成方圆，必有规矩。这个规矩就是严明纪律，执行制度，遵守长期社会实践中行之有效的约定俗成，自觉遵循社会公认的刚性约束和道德标准。

21 反腐败是文明社会的一把利剑。要强化权力的科学配置、科学运行和科学监督机制，牢牢扎紧制度的笼子。

22 要铲除腐败毒瘤，对权力运行加强监督和制约是必不可少的途径。要将防范、惩戒和保障机制联网运行，形成一股谁也不敢腐、不能腐、不易腐的强大威慑力。

23 权重心忧百姓，位高己正民拥。

24 体力、智力有偿，人格、尊严无价。

25 忠厚并非无用，善良并非懦弱，骨气并非傲气，大度并非无度。

哲理之谈篇

大度宜為昧
寬容未必愚

林明章格言選哲理之
談篇一聯歲次丁酉夏日
時年於江东藝林森

二、哲理之谈篇

26欲望，是想得到某种东西或想达到某种目的的要求。欲望有形，能产生强烈的推动力；欲望有度，多上升一度即会将人烧灼。

27因为没有好好珍惜，失去的时候才懂得它美好的东西，往往是宝贵的，难以失而复得的。

28人的幸福程度，并不一定与职位的高低、金钱的多少成正比。

29人如果把私利的位置摆得很高，他的形象就会变低；人如果把金钱看得太重，他的分量就会变轻。

30人免不了会有被轻蔑、遭冷遇的时候，不必生气恼怒。一个鄙视的眼神，一次被侮辱的经历，往往会成为你奋发努力，谷底反弹的起点。

31一个能够成就大业的人，首先是一个能够征服自己的人。

32人或事物之间，辨别异同高下的过程叫比较。比较的对象叫参照物，选错了参照物，比较的方向自然也就错了。

33 无论自然还是人类，阴阳之间无时无刻不在演绎着平衡运动。如果把吃亏与占便宜比作阴阳的话，那么，二者之间的平衡运动从来也没有停止过。

34 草木兽鱼虫，谐和万物生。相生连互克，互济亦相争。顺者能得益，违之必受惩。无情自然手，巧妙调平衡。

35 在敢于接受他人挑战和敢于自我挑战的磨砺中，优秀诞生了。

36 能够削弱、软化人的才能、智慧和意志力的，是惰性的酸醋。

37 把主要精力用于主攻方向，是事业成功的必须。

38 造作炫耀，张扬狂傲的人，离成熟的距离甚远。

39 一分耕耘，一份收获。未经劳作，等不来天上掉下的馅饼。

40 因为没有拒绝不该有的诱惑而误入迷津，是事业遭受挫折的沉痛教训。

41 人的心胸有多阔，前面的路就有多宽。

42 舍者，放弃，丢开。不知舍弃者，难以得。敢于舍弃者，必有得。该舍不舍，失时更稳。

43 对坚定不移的前行者来说，各色各样的诱惑，仅仅是路旁即逝的风景而已。

44 思考是智慧之河不绝的源头。

45 金属的闪光点是打磨出来的，人的闪光点是在接受挑战中迸发出来的。

46 人在困境面前，调整视角，改变方位，沉着转舵，柳暗花明的景象就会出现。

47 把苦难当作奠基石的人，希望就在前面。

48 不仅在贫困时与你共患难，而且在富裕时与你共呼吸的人，是最值得珍惜的朋友。

49 给人以理解，能帮人减压；给己以理解，能助己释负。

50 当修当剪莫犹疑，君看园农剪果枝。树弃赘枝多硕果，人除杂念更充实。

51 一个人想要获得的东西太多，就没有幸福可言。

52 事事追求完美的人，难免陷入不完美的烦恼中。

53 过分施肥的稻田，稻谷会出现空壳而大幅减产；过分溺爱的子女，表现会令人大失所望。

54 被孩子视为用人和出纳的父母，并不是成功的父母。

55 想让孩子获得终身受益的启迪吗？让他从小就接受优秀人士的熏陶吧！

56 初生牛犊不怕虎，是因为牛犊还不知道虎是牠的致命杀手。

57 人的心境常常从面相中流露出来，这就是"相由心生"的释意。

58 将矛盾现象对立双方的棱角朦胧掉，是佛学的智慧。

59 登高山须俯身弯腰，挺胸昂首势必摔跤。

60 怨言是人类与生俱来的、抒发心头郁闷的特有产品。

61 119 也难以扑灭的是妒嫉的火焰。

62 小草的可敬之处，就在于不因为自己出身卑微而放弃顽强地生存下去的努力。

63 勇敢者要努力把灾难变成成功的垫脚石。

64 热情过分的人，当心掉进冰窟窿。

65 疯狂是不可取的，因为灭亡总是跟在它的后面。

66 人类社会中存在的凶残、邪恶、奸诈、卑劣等种种非主流的东西，永远掩盖不了善良、美好、光辉的主流人性。倘若有一天非主流真的掩盖了主流，灾难就将来临了。

67 贪婪是一条通往悬崖的路。

68 撞击瓷器的石头是不道德的，撞击石头的瓷器是不明智的。

69 再先进的飞机，只有在能够平稳降落的时候才是好飞机。

70 贪腐似逆风执炬，烧伤手的事情是必然要发生的。

71 人类的幸福和灾难源于自然和人类本身。

72 如果把爱和恨比作长跑比赛中的两名运动员，你会惊讶地发现，后者的耐力决不比前者逊色。

73 埋藏在心底的愤怒和仇恨，如同积聚在地壳中的岩浆，终会喷发。

74 大度岂为昧，宽容未必愚。

75 走错路的凡人，会影响自己和家人。走错路的名人，会影响一个伟大的群体。

76 永恒的东西，其力量往往不可抗拒。因为它必有永恒存在的道理。

77 人一旦产生了心灵的自责，则避之不了，挥之不去。其程度和作用，胜过一切形式的批评和指责。

78 清朝的乾隆皇帝，一生写了四万多首诗，你能记得哪几首？

79 金钱不可缺，骨气不可少。

80 人所获取的一切，必然是以支付时间为代价的。

81 长期固执地追求不切实际的目标，是摧残身心的无形杀手。

82 不要见利忘义，不要做带不走的金钱的奴隶。

83 金钱和地位不应成为对人评价的唯一标准。

84 只有置身于自然中的人，才能享受到大自然的恩赐。

85 如钢坚韧，似水柔情。

86 桐城有巷美名芳，邻里相亲四海扬。广厦千间眠几尺，人生来去两臂光。

87 健康胜于金钱，心灵胜于外貌。品德胜于地位，知识胜于衣着。口碑胜于奖杯，谦逊胜于高傲。朴实胜于轻浮，平和胜于烦躁。

88 记住曾经发生过的，留下深刻教训的事，就为后面要做的事，请到了一位指导老师。

89 纪律如齿。松动了纪律就等于松动了牙根，结果必然是报废了牙齿。

90 尚未得到的东西，往往充满诱人感。诱人探索，诱人寻觅，诱人尝试。一旦得到后，情况就慢慢发生了改变。

91 挫折能演变为成功的入场券。

92 开屏的孔雀是美丽的，却暴露了身后无遮无挡的屁股。

93 天躁热必雨，人狂躁必祸。

94 愉快的心情胜似贵重的药物。

95 坏脾气是健康的可怕杀手。

96 因为随大流而轻易地放弃自己个性和特长的人，是一大损失。

97 因为没有常胜将军，所以需要懂得失败。

98 安逸地躺在摇椅上晃动的人，一步也没有前行。

99 无度的欲望必将发展为贪婪。

100 置身于赌场的人，首先要学会的不是怎样打牌，而是如何服输。

101 后浪推前浪是无法变更的规律。

102 宇宙中唯一能存留的东西是时间。

103 厚厚的物理学，却遗漏了宇宙中硬度最大的物质——时间。

104 滴水穿石事竟成，水石煮酒论英雄。茫茫宇宙谁操宰，惟有时间力永恒。

105 环境无法改变怎么办？我就去适应它。

106 适合自己的衣服，才是最好的衣服。

107 由俭入奢，似池鱼跃入大江；由奢入俭，如公主下嫁贫乡。

108 果断地丢弃本不属于自己的东西，才能步履轻松地获得自由。

109 光彩夺目的珍珠，是无数河蚌强忍被伤害的痛苦折磨，在苦难中孕育而成的。

110话多轻浮者，每图虚名；辞多中肯者，人必宽厚；言多芜杂者，学而非专；语多沉稳者，行事笃实。

111没有丰富的阅历、经历，没有对事物深刻而细致入微的观察思考，就不会有高度浓缩、准确而精炼的语言文字。

112连自己的职业都不热爱的人，谁为你开启成功之门呢！

113才需略补，勇需谋助。

114有时候，选用拧成的麻绳比选用铁棍还要可靠。

115欣喜的收获，总是出现在辛勤耕耘之后。

116冷漠是一把冰凉的铁锁，关怀是一把精细的钥匙。

117苦难的经历，是一所造就人才的高等学府。

118刻意地奉承别人就好比送给他一枚逼真的假币。

119再复杂的结，解开之后，就是一根简单的绳。

120离路远的小草安全系数大。

121 幸福感总是垂青那些积极进取、敢于创新、勇于超越的人。

122 逆乎自然，不可为而勉强为之，必然遭挫。

123 人生有梦想才动人。当你吃尽千辛万苦，一心要达到某个奋斗目标时，你会感到，宇宙中有助你成功的神力。

124 人生的成功与失败，可以在心灵中找到答案。

125 如果垮了精神，上帝也无法拯救你。

126 精神的力量往往可以击败厄运。

127 错失春播，再美的秋天也没有收获。

128 困境常常缠绕在不思努力的人身旁。

129 能够通过自我调节，把胸中的怒气和郁闷转换成笑颜的人，是为人材。

130 相遇在独木桥上，后退者把路让给了别人，也为自己开辟了一条通道。

131 在需要争一口气的时候争上去，在需咽一口气的时候咽下去，是深得要领的君子。

132 扑火的飞蛾，其可贵之处在于义无反顾地向着光明。

133 大海以其博大的襟怀，既接纳了江河汇聚的清流，又容下了它们带来的污浊，显示出沧海横流的英雄本色。

134 能够用金钱买到的幸福，也要防止被当作商品卖掉。

135 文艺家的成功，与他们心中蕴藏的扑不灭的创作欲望紧密相连。

136 清晰地看准远方的路，才能正确地迈开脚下的步。

137 坐等明日，莫如发力今朝。

138 鸡蛋用不留一丝缝隙的天赋，形成了对付昆虫叮咬的独特防御能力。

139 松软的泥土可使奔马失蹄，甜蜜的语言会使人沉醉入迷。

140 没有时间的长河，哪有生物短暂的滞留。

141 什么是教训？就是吃亏后增长的见识。

142 书法凭借黑白两色对比而生成。墨黑之处为实，为本，为基；纸白之处为虚，为意，为情。知白守黑，是事物辩证的统一，是书家领略的创作理念和心悟。

生命之旅篇

物理治疗须
引健康躯体
始为赢继能蹒步
贵坚屈疾痛理力
渡是云

林明章格言 丁酉之夏
明章自录于江东

三、生命之旅篇

143 在亿万年时空的荒原里，诞生了人。在亿万人的海洋里，你邂逅了他（她），尔和友人相伴，走过了宇际长河中的一霎那。这种尚不为人知的组合密码，就叫缘分吧。

144 悟者，从对生命的洞悉中明白了道理。短暂生命有极限，深邃时空无始终。只有十分清晰生命軌迹的人，才能从容地回應生命过程中发生的每一件事，度过愉快的一生。

145 人生是由一个个窗口组成的，窗口每天一个。昨天的窗口已经封闭，明天的窗口尚属未知，唯有今天的窗口开启。今天，是人生的展厅，面世的舞台。留连昨天的成败得失吗？它已经逝去。憧憬明天的生命蓝图吗？它尚未到来。对生命最直接、最本质、最简单的诠釋，就是今天，就是現在。

146 生命从她诞生的那天起，就是一个不断地支付限量时间的过程。

147 构成人生的时间是定量的，无法储藏的。人应该寻觅生存的意义，让生命变得美丽起来，把美好保存在广袤而永久的记忆空间里。

148 年华不我待，岁月不归来。荏苒蹉跎梦，何人是彩排？

149 朝阳每天从地平线上升起，却又在不易察觉中，使人来不及成熟思考，来不及怨天尤人，便日影横斜，又近黄昏。

150 白驹过隙紧人生，悲曲欢歌自然成。花落花开人世态，瞬息童稚变婆翁。

151 人对生命意义的理解各不相同。有的清晰，有的朦胧，有的理性，有的盲从。人在生命过程中的全部表现，就是他对生命意义最直接、最率真的诠释。

152 生命焉能易诞生，万般幸运偶生成。来如点燃金枝蜡，去似灭熄一盏灯。为栋为梁防脆弱，是砖是瓦守平衡。感恩善待每一日，献爱聆听疾苦声。

153 洁白的纸巾，抽取完了可以再续一盒；有限的生命享用完了，再多的金钱也爱莫能助。

154 生命之旅，周而复始；来之自然，归亦自然；绝妙精深，法则永恒。在这一自然规律面前，人应当坦然面对，路漫漫悠然举步；笑对人生，风萧萧镇定前行。

155 逆射晨曦千艳色，晚霞穿透万娇衣。定格照片谁分景，泽色相同怎辨时。

156 如果我们无法改变生命的长度，就去努力拓展生命的宽度吧。

157 人的每一缕记忆，都与一段经历牵丝。细细咀嚼慢慢品味，让记忆留驻生命中每一个美好的瞬间。

158 在职人员的级别是按职级高低划定的，退休人员的级别是按健康状况划分的。

159 知道事情会有不好的结局却又无法改变它，确是一件非常痛苦的事。

160 年长者有责任把自己经历中所彻悟的道理记录下来，留与后人。

161 人往往在闲暇的日子里，才会感受到自己是生命的主人。人们每天都在使用生命，却并不一定都在享用生命。

162 人到老年，如果还有爸爸、妈妈可喊，那是一件多么幸福的事。

163 天生我才必有用，虽然内容和表现形式各不相同，但每个人的生命中都有美好的时刻。浓墨重彩的大型画作是美丽的，水墨淡彩的小品也是美丽的。

164 孝敬父母是感恩生命的必修课。恩重如山的父母给了我们踏进人间的入场券，使我们有了到这个世界上来旅游一次的美好机遇。

165 生日，是生命旅程的一个驿站，是生命年轮的一圈收笔，是生命档案的一页记录，是生命时钟的一次打点。主宰生日的是忠于职守的时光老人，他慈祥地浏览着每个人三百六十五天的答卷。

166 万物芳菲何最美？鲜活生命闪光辉。似诗似画仙人叹，如醉如痴恋侣偎。博弈红尘朝日出，掩籍练经夕阳归。舞台尽展人间彩，无限珍惜此一回。

167 人在跨不过的槛、淌不过的河面前，不要轻率地萌生毁弃自我的念头。只有鲜活的生命，才是产生智慧、力量和希望的母体。

168 人生最大的压力来自时间。

169 应该让青少年了解人类生存时间的有限性。这并非残酷。了解生命的归宿，正是为了促进后生们更积极、更有意义地把握人生。

170 时间不会因为人的欢乐或痛苦而放慢或加快脚步。只有善于把握时间节奏的人，才能跨进成功的门槛。

171 不要漠视老人，因为他们透视并经历了人生的风雨，正在回放与领悟中漫步有限的生命旅程。不要轻视青年，因为眼下正是他们在舞台上倾力展示自己的演出时间。

172 地球围绕太阳，用三百六十五天划了个圆，起点之处就是终点。这就是年。年，让男女老少稍事休整，积蓄力量，再去划一圈新的年轮。

173 汉语词典上说，人生是“人的生存和生活”。西方教科书上说，“人生就是为了梦想和兴趣而展开的表演”。两者的解释并不矛盾，因为表演也属于生存和生活的范畴。

174 在物质世界里生活的人，不要为物所累；在感情世界里生活的人，不要为情所伤。一切都有定数，还有什么舍不得丢弃的呢。

175 如果想把生命中辉煌的时光，相对完美地保留在自己和后人的记忆里，激流勇退不失为一种选择方法。

176 感恩生命，就该感激地球，就该为她做点什么。如果你为她添过景致，那是你用房东的材料尽房客的义务，也是你应该付出的微薄房租。

177 忠于职守的时间，从不怠惰，永不停步。他的职责是让每个生命都按既定的规则前行。无法回头，没有例外，涵盖一切。

178 告别少年、青年、壮年而进入老年，是人生必由之路。衰老不可抗拒，但可延缓。只有善于抓住时间的年青人，才能在老之将至时，不觉后悔。

179 关爱生命吧，因为生命不仅仅属于自己，还属于你的父母、子女和所有爱你的人。

180 岁月陪伴着孩子们一天天长大，也把白发和皱纹送给了老人。

181 即便是死而复生的人，也说不出天堂或地狱的模样。

182 人的一生可以用各种不同的方法挣得多少不等的钱，如何花掉这些钱，却是比挣钱的本领更高一筹的学问了。

183 夏秋的蝉，不分昼夜使劲地唱。因为蝉在地下被埋了四年，破土见天后，怎能不为生命而呐喊呢！

184 在死亡面前，贫与富，得与失，伟大与平凡，似乎都被落下的帷幕扯平了。

185 生活是一个节日，是一场盛大的庆典。因为生活永远是也仅仅是我们现在经历的这一刻。

186 世界的无限性，织成了一层面纱。透过面纱看世界，人生的美好总在吸引着我们前行。

187 人在无法抗拒的衰老面前，永远也不要丢弃保持心灵年轻的能力。

188 要解除人生的乏味，有时就免不了在事业上冒点儿风险。

189 人生的一切，只是暂时的拥有，明白了这个道理，就不必执着于物欲，精神生活也就自然成为美好的内在追求。

190 透支健康就是加速燃烧那支剩余的蜡烛。

191 长寿之人，多无非分的奢华欲望，却能从简单、朴实的生活状态中获取持久从容的幸福。

192 人被时间鞭策着、驱赶着，不停地前行。懂得这个道理的人，也就会不用扬鞭自奋蹄了。

193 人生是在与大大小小的烦恼不断交遇中走过来的，只是大小和程度不同而已。

194 从没有想到，到既成事实。确诊患了重病的人，只有从石破天惊的思绪里回到坦然面对的心态中，才能将大厦将倾的沉重压力，转换成战胜疾病的顽强动力。

195 良好的精神状态是战胜疾病的良药。抑郁的情绪是疾病的帮凶。

196 在死亡面前，一切不明白的事情都明白了。

197 一碗食、一杯水就可以支撑人的肉体生命。然而，仅此一次的生命离不开精神支柱。在物质世界里生活的人，需要用理想、意志和智慧去撑起一个博大而精彩的精神世界。

198 珍爱生命吧，因为她只有一次！我们不能因为她只有一次而悲天悯人，自暴自弃。我们应该勇敢地面对她，深情地珍爱她，伸开双手，热情地拥抱每一天。

199 物海经流驭浪行，健康躯体始为赢。纵能赚个黄金屋，疾病缠身便是零。

200《感恩生命》——生命焉能易诞生，万般幸运偶生成。来如点燃金枝蜡，去似灭熄一盏灯。为栋为梁防脆弱，是砖是瓦守平衡。感恩善待每一日，献爱聆听疾苦声。

201《生命最美》——万物芳菲何最美？鲜活生命闪光辉。似诗似画仙人叹，如醉如痴恋侣偎。博弈红尘朝日出，掩籍绿径夕阳归。舞台尽展人间采，无限珍惜此一回。

202 吾日一省，今日虚度否？

修养之道篇

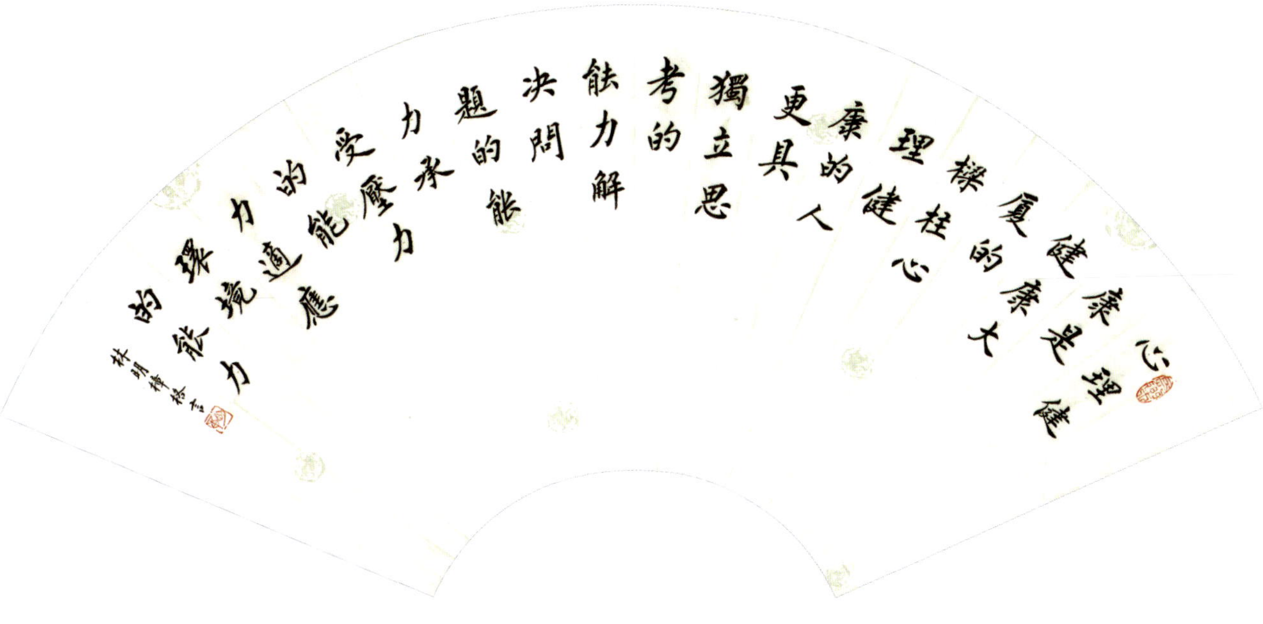

在諸多有益的處世態度裏
平和心態應首推其中驕橫
跋扈爭强好鬥唯我獨尊是
不可取的平靜而淡定坦蕩而
從容的心態是人生的寶貴財
富平和心態就是一顆不爲名
利所累的平常心

林明章格言丁酉之夏明章自錄

四、修养之道篇

203 面对事业的高潮，喝一杯清凉的果汁，补充冷静和细腻；面对事业的低潮，喝一杯浓浓的咖啡，补充坚毅和勇气。

204 不要用尖刻侮辱的语言去批评别人，也不要用抵制对立的态度去对待别人的批评。

205 微笑之力往往胜过怒吼之能。

206 有志者永不怠堕，好学者永不知足，善思者永点智慧之火。

207 把宽容的门打开，前面的路豁然开朗了。

208 能容得下别人缺点、不足和短处的，是一种宽容；能容得下别人优点、成绩和长处的，是更高境界的宽容。

209 为他人超越自己而感到由衷高兴的人，君子也。

210 心理健康是健康大厦的梁柱。一个心理健康的人，更具独立思考的能力，解决问题的能力，承受压力的能力和适应环境的能力。

211 面对压力时，学会放松，学会释负，那是一味金钱难买的良药。

212 在诸多有益的处世态度里，平和心态应首推其中。骄横跋扈、争强好斗、唯我独尊是不可取的。平静而淡定，坦荡而从容的心态是人生的宝贵财富。

213 一个医技精湛，深切地透视过无数病人痛楚、焦虑、无助、绝望、期盼和欣喜的眼神，并与之共鸣的医生，才能成为医道、人道皆谙的名医。

214 常常自责的人多善良亦少大过。

215 有泪不轻弹，泪洗眼更亮。伤心事后，擦干眼泪，阔步向前的人，是为坚强。

216 用亲和而富有感染力的说话方式，表达出坚定的态度，不失为一种好的工作方法。

217 即使自己是某一领域的泰斗，板着面孔去教训别人也不是明智之举。

218 善于培育自己的满足感是一种优良的心理素质。

219 平和的心态就是一颗不为名利所累的平常心。

220 知足常乐者总是以微笑面对生活的。

221 一个心理健康的人，是既有协调好人际关系的柔性，又有独立思考的韧性的人。

222 知足常乐是一种思维境界，是人在理性思维后的一种豁达。

223 随遇而安人自泰，知足常乐避忧烦。万般名利心如镜，笑口常开眼界宽。

224 有值得骄傲的资历却十分谦逊的人，是真正的强者。

225 自始至终都充满自信的人，事业有成。

226 以别人身上吸取教训，等于在自己身上培育抗体。

227 赞美是一种激励，能促进人发挥更大的潜能。

228 人要有尊严地立世。尊严需要自身塑造，而不是靠他人恩赐。

229 把别人的夸奖当激励，把别人的诽谤当动力。

230 和谐社会的构建，需要人们相互理解，相互尊重，相互包容。一个社会的宽容度，是这个社会文明进步程度的显著标志之一。

231 追求永不满足的欲望，会使人越来越躁，越来越累，越来越不得安宁。

232 人在遭遇困境时，精神不能萎靡。

233 高雅的气质，是人内在修养和阅历的外在体现。是一张金钱购不来的身份证。

234 温文尔雅的举止，和蔼可亲的笑容，充满磁性的谈吐，潇洒自如的神态，是社交场合最受垂青的礼服。

235 经常自我释负，免遭压力缠身。

236 纵观古今中外，选择宽容的方式来对待曾经伤害过自己的人，并不算软弱。

237 没有秘密可言的人，尚未成熟。把太多的秘密藏在心底的人，是痛苦的折磨。

238 不要总觉得老天对自己不公，人各有所长，比不上别人的事是普遍存在的。天生我材，必然会有用得着的地方。

239 保持充足的睡眠如同不断给身体"充电"。它能使疲惫的大脑和整个机体恢复生机，让每天再从零开始。

240 是非之人，始于是非之舌。

241 子女最恰当的尽孝时间，应该是长辈在世时最需要子女帮助和关爱的时刻。

242 人不仅需要有良好的语言表达能力，还需要有良好的控制自己语言表达的能力。

243 在声名显赫的人面前，不必卑躬；在人微言轻者面前，切忌高傲。

244 处处对别人施强的人，其实是弱者。

245 一个襟怀坦荡的人，没有抑郁。一个心里塞满各种需求的人，欢乐无处存身。

246 一个拥有健康的自尊心理的人，首先是一个喜欢自己，相信自己，热爱自己的人。

247 让快乐从每天发生的一件件小事中走来。

248 人的心理状态左右着人生所走的道路。

249 人的脾气的大小，与健康程度的好坏有着密切的关系。

250 人生的大目标，更需要在简单生活方式的支持和陪伴下去实现。

生活之窗篇

在紧张忙碌竞争激烈而又充满诱惑的快节奏中生活的人很需要补充营养淡定思维平和心态恬静環境就是最好的绿色食品要改变應該改变的環境嗎那需要勇氣要接受難以接受的事實嗎那需要氣度要戰勝擋在前面的險阻嗎那需要胆識

摘自林明章格言选生活之窗篇

丁酉夏日明章自録於江東

五、生活之窗篇

251 在紧张忙碌、竞争激烈而又充满诱惑的快节奏中生活的人，很需要营养补充。淡定思维、平和心态、恬静环境就是最好的绿色食品。

252 小河边滚动的水车，水田中翻土的老牛，树丛中悠扬的短笛，草原上风送的牧歌……置身于信息化时代的高速运转中，难忘的悠悠慢步，能留驻你美好记忆中令人陶醉的凡人之舒。

253 以赤诚之心报效祖国，以一技之长自食其力，以崇高人格自尊自信，一个人才能自立于人海，自强于社会。

254 给孩子丰富的营养，优越的条件，备至的关爱，如果能再添加一点艰苦生活的锤炼，劣质环境的考验，那就像给孩子注入了促进健康的疫苗抗体，蓬勃无比。

255 孩子如果没有感受过打扫卫生的辛劳，是难以珍爱清洁卫生的环境的。

256 称职的母亲是孩子的第一任启蒙老师。

257 吸烟损害着自己和他人的健康。文明社会希望善于思考的吸烟人懂得这个基本常识。

258 阳光给万物镀了金，也给千山万壑、森林树木留下了荫。阳光是少不了的，荫也是少不了的。

259 要扩大欢乐的倍数，就把它向亲朋传递；要稀释痛苦的浓度，就将它向亲朋倾诉。

260 市场、职场、考场、运动场……充满竞争的地方胜负难免，自有欢乐悲伤。它，不需要眼泪，需要智慧和力量。

261 一个人魅力大小，是他才能、品德、气质、形象之和。

262 有财善散人心聚，守财独善人心离。

263 一个志得意满的人，只有在雄心受挫、遭困失宠、疾病蒙生的时候，才会想到他的港湾——家。

264 没有钱财，不能生活。只为钱财，当心苟活。

265 对健康生活方式无法掌握的人，比疾病还要可怕。

266 相比青少年，老年人对生活更加热爱，对往事更加眷恋，对未来更加珍惜。

267被疾病痛苦地折磨的高龄父母，对他们最大的安慰，是出现在床前的儿女身影。

268人到中年，如果择业有成，伴侣仪人，子女孝顺，少有病疼，那就是一个幸福之人。

269乡愁，是一个人在远离家乡，怀念亲人时产生的一种驱之不去、思之不离、剪之不断的天然、纯真的感情。

270感动中国的人物走上领奖台，人们很难从他们脸上捕捉到笑逐颜开的表情。那是他们在与难以想象的困难长期摔打，艰辛磨砺中，耗去了极大的能量和精力，以至于产生了一种特有的冷静、朴实和深沉。

271对待父母长辈，生前尽孝比逝后的祭祀重要百倍。

272等待，是生活中一种常见的精神状态。有时候需要我们付出足够的耐心。无限美好的生命，在无处不在的等待中延续生发。

273人在付出劳动代价后的回报，不是得到金钱物质，就是获得精神满足。这二者并不完全是一回事儿。

274 人无远虑，必有近忧。生活在幸福中的人要谨防怠堕，时时想到该怎么走好前面的路。

275 子女做了一件孝敬父母的好事，会被邻里传为佳话。每天为子女辛勤劳作的父母，却往往没有这样的福气。

276 趁父母健在的时候，为他们的时光注入些欢乐和宽慰吧，这是一件并不十分困难却功德无量的事。

277 永远也不要等待别人来为自己买单。只有自强不息、奋发向上的人，才能战胜艰难险阻，到达成功的彼岸。

278 善于抓住成功机遇的人，是一种智慧。

279 回到家里的普通百姓，会感到自己亦很伟大。回到家里的成功人士，会感到自己亦很平凡。

280 一生中能够做出很大成就的人毕竟少数。淡泊明志，宁静致远，在平凡岗位上做出积极贡献的大多数人，应是充满自豪感的人民群众。

281 对孩子自尊心的重大伤害，好比是掀断了一棵树苗的嫩头。

282 蓝天上舒展自如的风筝，被一根线牵连着。风筝若想摆脱线的牵连，就会成为一片落叶。

283 带着一颗平常心，简单一点，糊涂一点，幸福就会驻你身边。

284 家财万贯，也别忘了青菜豆腐汤泡饭。

285 金钱能够助人解决困难，也能给人制造麻烦。

286 一次次被提职，一步步高升的伙伴，见面后却不用改变称呼的人，是你的朋友。

287 有一张美丽的面庞是幸运的，有一颗美好的心灵是可敬的。

288 会叫的狗，用叫声警示陌生人不要靠近；不叫的狗却要防止牠咬人。

289 狼吞虎咽地进食的人，不去发挥牙齿的作用，却日复一日，狠心地向着胃肠施压。其结果必然造成胃肠的牺牲。

290 身无病，体健康，是幸福的第一标准。

291 要改变应该改变的状况吗，那需要胆识。要接受难以接受的事实吗，那需要气度。要战胜挡在前面的险阻吗，那需要勇气！

292 戴口罩的目的是什么？一是为了防止病菌入侵自己，二是为了防止病菌伤害他人。

293 气虚者需补气，血虚者应补血。气有余则生火，血过多便生滞。凡事有度莫过之。

294 知书达理，内聚外交。俭而不俗，美而不骄。贤妻也。

295 小溪用博大的襟怀，吸纳了涓涓细流，汇成奔流涌动的泉，那是生命的呼唤。

296 现代生活的立体层面里，处处辐射着竞争的精神压力。

297 漂泊四海的游子，最想吃的是什么？是回家的第一顿饭。

298 满面笑颜苦变甜，满面酸楚甜变苦。

299 丢掉了年龄包袱的老人，获得了释去重负的轻松。

300 黄金分割率抓住了最具美学价值的分割比例，给人以最美的视觉享受。把握住这个科学的分割比例，就能为生活创造出更多更美的造型。

301 生活力戒奢侈，待人力戒吝啬。

302坏了的水果，往往就包装在华丽的盒装水果的底层。

303通过努力办不到的事，不必懊恼。做自己认准的、想做的事，不管别人说什么。

304服装设计师们引领时尚潮流的水平有多高，姑娘们超越这一高度的胆量和勇气就有多大。

305郑板桥的书法，把篆、隶、楷、行糅合在一起，似乱石铺路，形散神聚。笔力苍劲，掷地有声。其生机来自独树一帜的创意。

世事之览篇

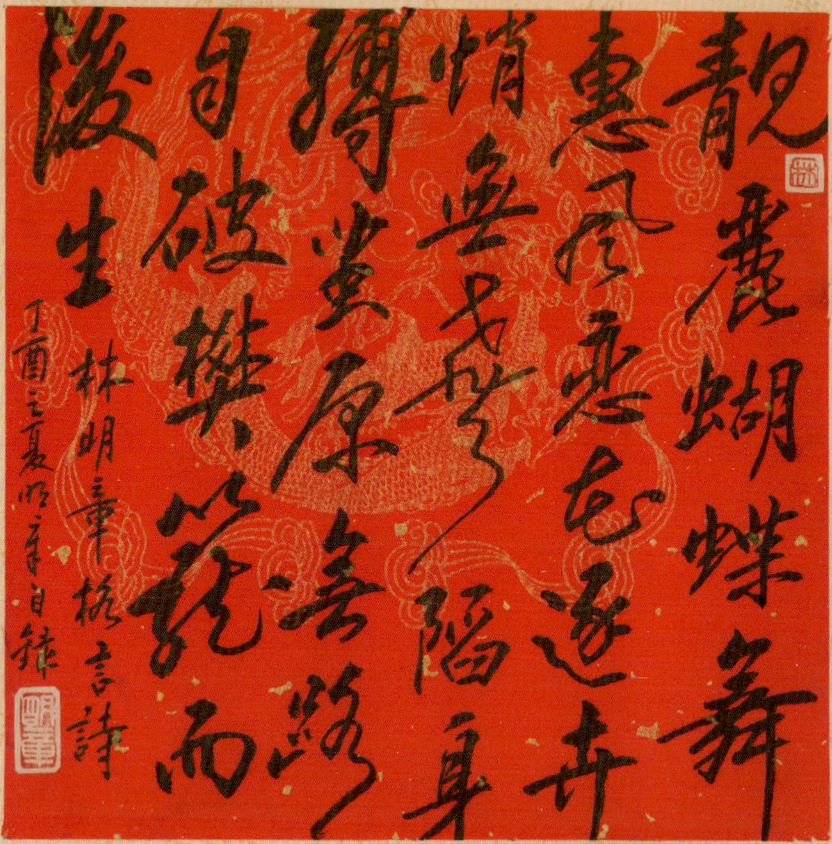
靚麗蝴蝶舞
林明華五言詩
丁酉之夏明華自錄

六、世事之览篇

306 饥饿的时候，能吃饱就是幸福；生病的时候，能康复就是幸福；遇危险的时候，能平安度过就是幸福；遭束缚的时候，能获得自由就是幸福……。幸福是一种使人心情愉悦的境遇和感受，幸福会因人、因时、因地变化着它的标准。

307 住高档别墅，开豪华轿车，能大把花钱，是一种幸福。种田养殖，上班打工，住房不大却清洁明亮，收入不高却夫妻恩爱，也不失为一种幸福。幸福是一尊随着心态起舞的女神。

308 一个人才能、品质和意志最突出、最无遮挡的表现，就实现在逆境和曲折之中。

309 热情四溢的人，并不等于缺乏缜密思考的冷静；平静而矜持的人，并不等于胸中没有奔腾咆哮的江河。

310 自然为人类提供了赖以生存发展的空间。然而，自然所操纵的巨大灾难和人类本身的痼疾，是一道制约人类繁衍发展的樊篱，这是宇宙的奥秘之一。

311 雍荣华贵的牡丹，向自然界奉献了艳丽和娇美；默默无闻的枣花，向人类奉献了甜润的红枣一枚。各得其所，各有其美。

312 插秧田里的农民，在水田中一步步后退，新栽的秧苗却一棵棵前进。生活中的退与进，就是这样充满了辩证法。

313 一根有韧性的扁担，能够比毫无弹性的扁担挑起更沉的重担。一个有韧性的人，能够比坚而无韧的人实现更大的理想。

314 水阔任鱼游，藏凶饵露头。欲知谁入险，贪者自吞钩。

315 人的思维模式，是家庭、社会、教育、亲朋和环境影响的综合体，非经重大影响的冲击，是难以轻易改变的。

316 经济学指导人们开辟财源多赚钱，道德观敦促人们奉献爱心多济贫。当这二者成为并行不悖的平行钢轨时，社会列车才能安全正点地运行。

317 靓丽蝴蝶舞惠风，恋花逐卉情无声。陷身缚茧原无路，自破樊笼而后生。

318服饰与美容能够改变人的模样，却难以改变人与生俱来的气质。

319生来就有一个好嗓子的人，具备成为歌手的条件。生来就有一个好体魄的人，具备成为运动员的条件。不要报怨父母没有赋予自己特质，每个人的身上，都具有值得开发的潜能。

320人的正常的致富心理，不要被浮躁所驱使。这个浮躁，就是抛弃道德准则，把贪婪地占有作为人的终结目的。

321说现在的狼啊，都爱上羊啦，那是对孩子们的欺骗！

322努力奋斗，不能以损害健康为代价；获取利益，不能以背弃道德为手段。

323后生们是否乐于背诵和记忆，是衡量诗文是否具有生命力的重要标志之一。

324当“沮丧”在一个人身上出现的时候，应立即查一查“志气”是否在岗。

325在强大的自然力面前，人类抵御灾害的能力还十分单薄。人类要顺应自然，而不是用无端的破坏力去激怒自然。

326 乱砍树木，滥伐森林，无异于杀戮人类自己。

327 全盘复制别人成功的模式，并不一定奏效。

328 制订任何个人奋斗目标，都应该把健康纳入计划。

329 日益壮大的世界核武库，将给人类带来什么，这是一个关系到全人类的思考题。

330 若把艺术家的功力喻之为船，那么，创作的激情就是帆。扬帆之船，必能以其饱满的张力远达彼岸。

331 人们在谈论历史的时候，是离不开对古人的评价的。殊不知每个今人都会成为古人。从这点出发，今人应该努力成为经得起后人评述的古人。

332 只知道把不多的钱攒起来和有勇气把不多的钱投出去，是穷人和富人发源处的分水岭。

333 轻举即触的目标，易育懒汉；高不可攀的目标，使人沮丧；奋力跳起才能够得着的目标，有催人奋起的力量。

334 犹豫和迟疑往往是错失良机的重要原因。

335 生意场上，尽可能多地有利于顾客，就会尽可能多地有利于自已。

336 家犬之所以对主人不舍不离，是因为牠视自己为家庭的一員，視主人为生存的全部依附。

337 失败是相对成功而言，现实中难以避免。面对成功者的鲜花，失败者应自备乐观的情绪，冷静的态度，科学的思维和奋斗的勇气，把握瞬间即逝的机遇，减少可能受挫的几率。这样，风雨过后必是晴天。

338 东山再起的人，不要忘记自己曾经历的潦倒境遇。对仍处危难之中的同伴，应伸出友谊之手，用力拉他们一把。

339 有“一万”存在的现实，就有“万一”发生的可能。

340 对贬低你的人，做出成绩来是最好的回答。

341 竞争对手也是验证自身成果和价值的标尺。

342 衣装品贵帝君手，闪烁霓虹伴酒楼。患难其时能刎颈，发达之日易昏头。追逐名利失廉气，豪取权钱忘耻羞。物欲横流谈忘义，几多希冀几多愁。

343 微笑能够淡化阴影，消除人与人之间的隔阂。所谓相逢一笑泯恩仇，就是这个道理。

344 夜空中的烟花，艳幻纷呈，伴着美的旋律，坠入仰视的目光中。星星却不计寒暑，伫立在无垠的天际中，只求永恒。

345 只有把堆放在身边的杂物清理掉，才能给自己腾出宽畅的生活空间。

346 职业是人胸前的标签。对待卖肉的大学毕业生，我们是敬佩他的创业勇气，还是为他的择业惋惜呢？

347 那些取得成就的钢琴家、小提琴家们，很小就不分昼夜、没有假日星期地苦学苦练，付出了极大的心血代价。他们的成就里饱含着辛劳和汗水。

348 要解决工作的忙乱，必须抓纲带目。纲举则目张，其他工作的轻重缓急自然也就理顺了。

349 不留方寸地，子孙何以耕？土地是我们赖以生存的命根，保护耕地是每个当代人不可推卸的责任。

350 凡人走路，无人关注。名人走路，众人拭目。

351 在顺利条件下成长起来的人，需要补上应对复杂环境、增强适应能力这一课。

352 好朋友之间的交往，并不等于不能保留适当的空间。

353 冲动时刻嘴无遮拦，是非之事紧紧盯上。

354 对于常常戏你、缠你、诱你的人，需保持警惕！

355 心理阴暗压抑，人格变形扭曲的人称之为小人。小人是社会文明的负能量。远离小人是人们通常选择的做法之一。

356 当今，人类创造的享受方式门类繁多。最能够触动人感情神经的，依然是从远古中走来的，出自生命本质的自然享受。

357 一幅优秀的书画作品，是书画家从无数废弃的练习之作中走出来的辛劳结晶。

358 为人未做亏心事，不怕警车尖叫声。

359 人类的祖先从山林洞穴中走了出来，经过漫长的繁衍岁月，又住进了混凝土建筑群中。滚滚的旅游浪潮，是人类渴望融入自然欲望的精神体现。

情爱之缘篇

愛情是一本
厚厚的內容豐富多彩
情節千變萬化主題永恒不變
的書 愛情是一首最最古老而又最最
年輕最最原始而又最最優美的歌
愛情是從人與人的仰慕心與心的貼近
情與情的交融處升起來的地平綫上
的紅日 愛情是一種與生俱來的自然
樸實純潔而甜美的情感
愛情是存在於人類感情世界裏的
碩大的生命之力
林明章格言選 丁酉初夏
明章自錄

七、情爱之缘篇

360 爱情是一本厚厚的，内容丰富多彩，情节千变万化，主题永恒不变的书。

361 爱情是一首最最古老而又最最年轻，最最原始而又最最优美的歌。

362 爱情是从人与人的仰慕，心与心的贴近，情与情的交融处升起来的地平线上的红日。

363 爱情是一种与生俱来的，自然、朴素、清纯而甜美的情感。

364 爱情是存在于人类感情世界里的硕大的生命力。

365 凡有人群的地方，都有爱情。生命的历程中离不开爱的滋润。

366 找到了真爱的人，即使衣袋空空，也不再贫穷。

367 爱情是两个生命相遇后，冲破心的壁垒，在相拥中开出的绚丽而圣洁的花朵。

368 从爱情的深切考验中走过来的男女，才能感受到爱的无处不在的渗透力。这就叫爱过方知情重，醉过方知酒浓。

369 经受住考验的爱情是无价的。她更加宝贵，更加坚实，更加甜润，更值得珍惜。

370 爱情不是理所当然的彼此占有，而是相敬如宾的相互赠与。

371 真正的爱，是不计苦乐的相拥，是不求回报的给予，是无怨无悔的付出。

372 寻求一个人间知己，多么难得。因为得到一个人间知己，生命的旅途将不再寂寞孤独。

373 情到深处人孤独。生命不可以孤独无援地存活下去。真诚不绝的爱，饱含在彼此牵挂和依恋中，流露在难以割舍的关怀中，温暖在别后深情的相见中。她使生命的宴席日益丰盛。

374 和爱紧紧联系在一起的，是不可推卸的责任。

375 人世间最值得珍视的爱情是以真情付出为代价的。

376 关键时刻是鉴别爱情真伪的试金石。

377 人生在世，男婚女嫁。寻一个婚配伴侣易，觅一个心灵知己难，得一个生死相依的长相知更难。

378 情人眼中出西施，这话不无道理。可是，再优秀的人，也难免存在缺点和瑕疵。真爱无怨。在你欣赏对方闪光点的同时，也应有接纳对方不足的心理承受能力。

379 懂得爱别人的人，是十分美好的；知道被人爱的人，是非常幸福的。

380 敢于负责的人是最受人尊敬也是最值得人爱的人。

381 接受一个你爱的人，预示着你接受了他的优点和长处，也接受他的缺点和不足。带着勇气与他一起扬长避短，去创造生命中属于自己的那份幸福。

382 如果没有情意，送上再多再美的玫瑰，也不过是一堆废弃的红花绿叶而已。

383 人不可能得到所爱的一切，只有爱我所有才是最现实的幸福追求。

384 当你不能圆满地得到那份爱的时候，最好的办法是把它深藏起来。

385 人的情感是条不平静的河，只有用理智才能把握它的流速。

386 从爱情中走来的二人世界，产生了婚姻。婚前的愿望和婚后的现实，差距越小家庭就越幸福。

387 燕子垒窝一口口泥，喜鹊筑巢一根根枝。一个幸福家庭的构筑，离不开夫妻双方的共同努力。

388 七仙女因衷爱苦难中的董永而下凡来。她那不恋富贵荣华，乐于过田园诗般生活的执著，就是纯洁爱情的真善美。

389 最深的爱，蕴藏在最大的牺牲之中。

390 住房、小车、婚戒、家俱……，若问婚前最重要的是什么？应该是爱情。

391 生活中不要忽略那些简短、亲切、温暖而又充满爱意的问候话语。这些话语，是亲情、爱情、友情的优质增稠剂。

392 不要用工作繁忙的理由来忽视对亲人的问候。家庭成员之间的关爱，是挥之不去的亲情。

393 在佳节的传统中与亲人相聚，是生命中一次次美好的亲情享受。

394 生命的繁衍是婚姻的责任之一。

395 母爱是母亲对子女纯真无私、至高无上的爱。

396 母亲亲手编织的毛衣，是用针牵线缆的情丝为儿女制作的护身符。

397《父爱歌》——世上妈妈无限好，解读父爱亦崇高。剑眉大眼凝刚毅，博顶宽胸蕴略韬。两臂擎撑庇佑伞，双肩鼎力温馨巢。至深至广双亲爱，相辅相成育秀苗。

398 万事半称心。再圆满的家庭，也免不了出现不圆满的事情，只是大小程度不同而已。

399 生活中的夫妻，如若相互抱怨，不如相互历练。从内外兼修到内外兼优。如此，爱的光彩自然会沐浴在家庭中。

400 要教育孩子热爱父母和周围的人，让孩子在被爱中领略爱，逐步融入一个充满爱的世界。

401 婚姻的基础是爱情。爱有多深，基础就有多牢，幸福度就有多高。

402 挺得起男子汉腰杆的是为丈夫；撑得起贤内助肩膀的是为妻子。

403《茶与水》——好茶次水难赏美，好水好茶涩味回。夫似茶茗妻似水，请君品味此一杯。

404 射杀了一只大雁，就等于杀害了一对雁。这就是"问世间，情为何物？直教生死相许"的道理。

405 在婚后的两人世界里，生活是透明的水。这并不表示人的心里不能保留半点私秘。纯净得连矿物质也不能含有的水，是没有活力的水。

406 坦诚并不等于敞开心扉的全部心灵剖白。适当地保留一点个人隐私，有利于家庭和睦，应该是被允许的一点自由。

407 婚后的双方，相互充分信任，彼此相对自由，是处理家庭关系的文明举措。同样，不热衷灯红酒绿，不对异性过分热情，也是稳定家庭关系的一个文明要求。

408 自尊、自立、自爱、自强，可以成为对男女双方的共同要求。这样做，有利于社会文明程度的整体提高。

409 一个有魅力的妻子，是饱含智慧，勤奋自信，柔中有刚，给生活带来情趣和甜美的温柔女性。

410 深沉男人眼神里的厚重感，往往成为异性试图透视的墙。

411 有了创伤的婚姻，好比有了裂痕的房子，将面临一次十分恼人的修复。

412 《婚瓷》——婚姻好比娇瓷器，呵护观欣忌撞击。若到娇瓷成碎片，情仇恩怨变残局。

413 经历过挫折的爱情，像受过伤的软肋，触之即疼。那是甜蜜与酸楚的混和体。

414 婚外之恋是一出有碍家庭安宁，隐含潜在风险，颇具诱惑力的感情戏。

415 戴上了婚戒，就意味着必须承担相应的家庭责任。婚后双方的行为，是受到道德约束的行为。从这点出发，婚戒是无数男女为告诫自己而自愿佩带的最小的手铐。

416 一个成功男人的后面站着一个伟大的女人；

417 伟大的女人也难以支撑一个不作为的男人；

418 不作为的女人也支撑不起一个伟大的男人。

419 相知未必相爱，同情并非爱情。

420 白头偕老的夫妻，不一定是如胶似漆的情人。

421 孟姜女哭倒长城，是妻子的忠贞；秦香莲状告丈夫，有遗弃的苦衷；潘金莲红杏出墙，有争议的情由；七仙女嫁给董永，是真善美的象征……。后人如何评价，也必然有各自不同的立论标准。

林明章格言入选书刊情况

1.《中华名人格言》，中国文史出版社，2009年。

2.《中外哲理名言》，中国文史出版社，2009年。

3.《共和国名家诗词格言精选》，中国文化传媒出版社，2009年。

4.《永恒的光芒——古今中外名家语录精编》，华人国际新闻出版集团，2012年。

5.《中华优秀儿女箴言录》，中国文化艺术出版社，2012年。

6.《聚焦十八大中国文化名人题贺荣誉特刊》，华夏国学出版社，2013年。

7.《中华风采》，2014年11月号。

8.《中外格言大典》，中国国际文化出版社，2014年。

9.《中华盛世醒言》，中国文史出版社，2015年。

10.《江东文史》，2015年第3期，2016年第1期、第2期。

林明章钢笔书法入选书刊情况

1.《钢笔书法作品选》,重庆大学出版社,1988年。

2.《中国当代硬笔书法精选》,天津人民出版社,1990年。

3.《中国硬笔书法家辞典》,浙江大学出版社,1990年。

4.《写字》(上海钢笔正楷字帖选),1990年第1期。

5.《李白诗百首》(钢笔书法字帖),中国展望出版社,1990年。

6.《写字段位优秀硬笔字帖》,学林出版社,1991年。

7.《中国硬笔书法家名人录》,成都科技大学出版社,1991年。

8.《中日硬笔书法家大辞典》,四川美术出版社,1992年。

9.《中华硬笔书法精典(楷书卷)》(历届全国硬笔书法大赛特等奖、一等奖作品选),对外贸易教育出版社,1993年。

10.《中国钢笔楷书之最》(全国钢笔书法大赛一等奖作品集),春风文艺出版社,1993年。

11.《当代硬笔书法家辞林》,江西美术出版社,1993年。

12.《中国硬笔书法鉴赏辞典》,北京体育学院出版社,1993年。

13.《国际硬笔书法家大辞典》(珍藏本),国际文化出版公司,1995年。

14.《中国钢笔书法》(赴日展作品选),1996年第6期。

15.《林明章硬笔书法集》(当代著名书画家丛书·国际硬笔书法名家卷),国际出版公司,1996年。

16.《中国硬笔书法史》,时事出版社,1997年。

17.《清明》,1998年第2期。

18.《世界硬笔书法家作品博览——国际著名硬笔书法家作品集》,世界硬笔书法家协会出版部,1998年。

后　记

我曾出版过一本诗歌书法集，名为《感恩生命》。作为它的弟弟，这本格言选，就取名为《感悟生命》了。如果没有生命，就不可能有写书的机会。应该感谢恩重如山的父母，给了我们到世上来旅游一次的入场券。还应该感谢地球，她是我们的房东。住了几十年，总该交些房租。贡献大的人，多交了一些。作为普通百姓，我们也应该付些微薄的房租。

生命之旅，周而复始。来之自然，归亦自然。绝妙精深，法则永恒。生命从她诞生的那天起，就是一个不断地支付限量时间的过程。主宰宇宙的时光老人，毫不留情地把每个人从少年、青年一步步向老年引领。时间的职责是让每个生命都按既定的规则前行。无法回头，没有例外，涵盖一切。从不怠惰的时光老人，不会因人的欢乐或痛苦而放慢或加快脚步。只有善于抓住时间的年青人，才能在老之将至时，不觉后悔。人生的一切，只是暂时的拥有。明白了这个道理，就不必单纯地执着于物欲，精神生活也就自然地成为美好的内在追求。生命的长度有限，就努力拓展她的宽度吧。

君子求诸己，小人求诸人。自立、自强、自尊、自信是中华民族的立世之道。永远也不要等待别人来为自己买单，能够成就大业的人，首先是能够征服自己的人。优秀是在敢于接受挑战和敢于自我挑战的磨砺中诞生的。安逸地躺在摇椅上晃动的人，一步也不会前行。

物海经流驭浪行，健康躯体始为赢。纵能赚个黄金屋，疾病缠身便是零。这首格言诗，直言不讳地道出了健康对于生命无与伦比的重要性。没有健康，一切都无从谈起。感悟生命，就要让我们生理和心理携手健康的躯体。白云蓝天清洁的水，安全食品环境的美，对于生命十分重要。然而，健康的心理则是健康大厦的梁柱。为官为民，都要有一个平和的心态，一颗平常的心；是富是贫，在简单生活方式的陪伴下，生活才最安宁。一个人想要得到的东西太多太多，就没有幸福可言；心里塞满了各种需求的人，欢乐就无处存身。

感悟生命，年长者有责任把自己经历中所彻悟的道理记录下来，留于后人。因水平所限，这本书错处难免，敬请读者批评指正。

感悟生命，我们不能因为生命只有一次而悲天悯人，自暴自弃。我们应该勇敢地面对她，深情地珍爱她，伸出双臂，热情地拥抱每一天！

林明章

二〇一七年端午于江东

与前来参观林明章书法展的学生们合影留念(2012)